ZÄRTLICH

TIERLIEBE VOR DER KAMERA

Rasch und Röhring Verlag

Abbildungsnachweis

Bizzaro: S. 54, S. 112; *F. Dostal/Alphapress:* S. 129; *A. Duwentäster:* S. 64/65; *Drysdale: S. 10/11, S. 12/13, S. 101; G. Goldstein:* S. 118; *F. Kopetzky:* S. 60/61, S. 70, S. 122/123; *G. Kunze:* S. 14/15, S. 22/23, S. 32/33, S. 43, S. 56/57, S. 59, S. 69, S. 87, S. 96/97, S. 98/99, S. 107, S. 110/111, S. 115 o., S. 138 o.; *B. Moser/Alphapress:* S. 126/127; *F. Plewka:* S. 66/67, S. 102/103; *H. Rauchensteiner/Alphapress:* S. 39; *Walter Sittig:* S. 3, S. 7, S. 8/9, S. 16/17, S. 18/19, S. 20/21, S. 24/25, S. 26/27, S. 28, S. 30/31, S. 34, S. 36/37, S. 38, S. 40/41, S. 42, S. 44/45, S. 46/47, S. 48/49, S. 50/51, S. 52/53, S. 58, S. 68, S. 70/71, S. 72/73, S. 74/75, S. 76, S. 78/79, S. 80/81, S. 82/83, S. 84/85, S. 86, S. 88/89, S. 90/91, S. 92/93, S. 94/95, S. 100, S. 104/105, S. 106, S. 108/109, S. 114, S. 116/117, S. 124/125, S. 132/133, S. 136/137, S. 140/141, S. 142/143; *W. Schmitt/Alphapress:* S. 120/121; *L. Schuster/Alphapress:* S. 113, S. 128, S. 139; *F. Stoppelman:* S. 134/135; *B. Uhlig:* S. 35; *Voller Ernst:* S. 29, S. 62/63, S. 115 u., S. 130/131, S. 138 u.; *W. Wiese:* S. 119

CIP-Kurztitelaufnahme der Deutschen Bibliothek

Zärtlich: Tierliebe vor der Kamera / Wolf Eichhorn. –
1. Aufl. – Hamburg; Zürich: Rasch und Röhring,
1987.
ISBN 3-89136-161-0
NE: Eichhorn, Wolf [Hrsg.]

Umschlag und Gestaltung: Studio Reisenberger
Lithographie: Nelles & Co., Hamburg
Druck- und Bindearbeiten: Bercker Graphischer Betrieb, Kevelaer
Printed in Germany

TIERLIEBE

Jeder kennt die Witze von der Maus und dem Elefanten. Der Reiz dieser Geschichten besteht in den unterschiedlichen Größenverhältnissen beider Tiere. Daß sehr unterschiedliche Arten auch in der Realität miteinander kommunizieren können, das belegen die Fotos von internationalen Tierfotografen in diesem Buch.
Eine Bildsequenz zwischen Nashorn und Elefant zeigt Bild für Bild die Annäherungsversuche des Nashorns an den Elefanten. Der graue Riese ist mit der Anmache offenkundig einverstanden. Er stupst mit seinem Rüssel auch mal sanft das Horn auf der Nase. Im letzten Bild gibt er jedoch mit sanftem Fußtritt zu verstehen, daß es ihm jetzt reicht. Dieser auch bei Menschen mögliche Ablauf ist von dem deutschen Fotografen Walter Sittig festgehalten worden, der einen großen Teil der vorliegenden Fotos zur Verfügung gestellt hat. Er reist seit Jahren durch die Tierparke und Zoos der Welt. Zebras, Löwen, Elefanten, Vögel, Pferde und viele andere Arten zeigen sich zärtlich, verspielt, neckisch einander zugewandt und während der Paarung.
Der Fotograf muß ein gutes Auge, Geduld, Tierliebe und Einfühlungsvermögen haben, um so nahe an die Tiere heranzukommen und sie nicht bei ihren Aktivitäten zu stören. Einige Fotografen berichten in ihren Reisebeschreibungen, daß die Annäherungen zum Alltag der Tiere gehören. Sie können sich in stundenlangen Variationen den Schmeicheleien und Streicheleinheiten hingeben. So können diese Bilder auch eine Anregung für uns Menschen sein, ähnlich im Alltag zu verfahren. Denn sich anfassen, streicheln, schmusen und gern haben ist angenehmer als Aggressivität, Streit und körperlicher Schmerz.
In diesem Sinne ist es an der Zeit, die geflügelten Worte wie „Dumm wie ein Schwein, doof wie ein Affe, blöd wie ein Esel, faul wie ein Nilpferd" zu korrigieren. Die Tiere sind weiser, als wir annehmen. Der Vergleich trifft nicht, eher könnte es heißen: dumm wie Herr X oder blöd wie Frau Y.
Erstaunlich für uns ist die Tatsache, daß auch Tiere mit sehr großer Körperfülle wie Elefanten, Kühe, Nashörner, aber auch Bären zu zärtlichsten Liebkosungen fähig sind. Beim Betrachten dieser Bilder ist eine ge-

wisse Komik nicht zu verleugnen; aber auch beim Anblick von Tieren mit großen, „sperrigen" Gliedmaßen wie Giraffen oder einige Vogelarten kann man schmunzeln. Die Fotos beweisen, daß die Tiere zueinanderkommen – und ein echter Nashornkuß wird vermutlich beiden schmecken.

Neben dieser Idylle erinnern die Aufnahmen an die unmittelbare Gefährdung vieler Tiere. Einige Arten werden durch die Handlungen und Unterlassungen der Menschen schon bald aussterben. Vor diesem Hintergrund wirkt die Friedlichkeit der einzelnen Szenen beklemmender als manche Beschreibungen und politische Analysen. Vielleicht können die Aufnahmen in diesem Buch einen kleinen Beitrag dazu leisten, unser Verhältnis zu den Tieren zu überdenken.

Wolf Eichhorn

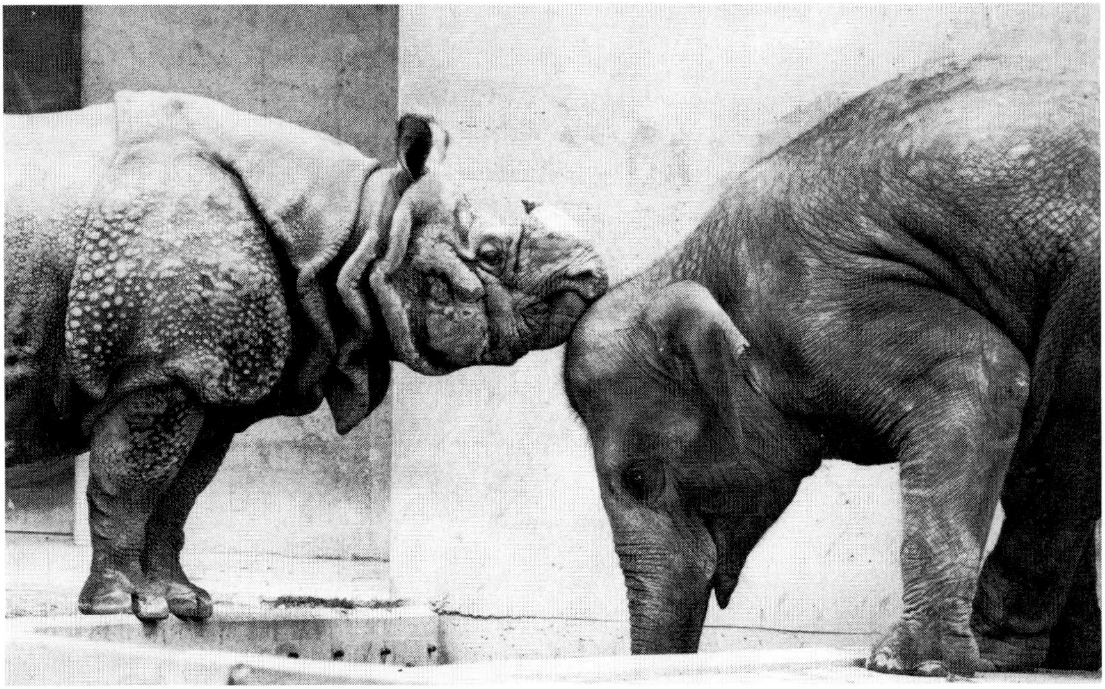

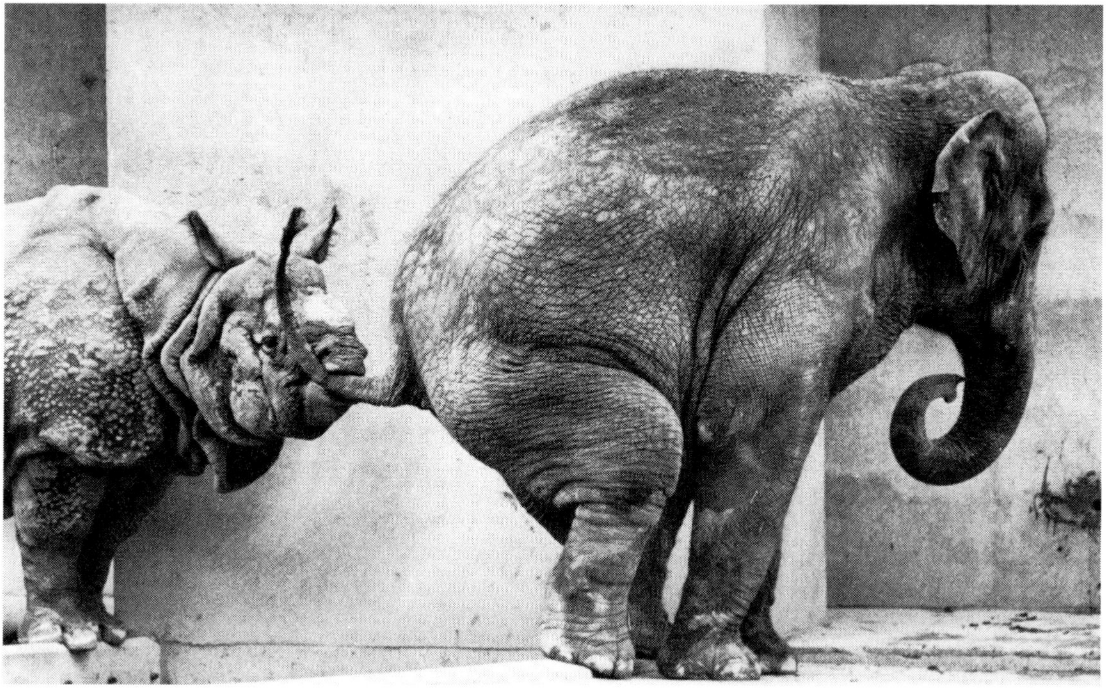

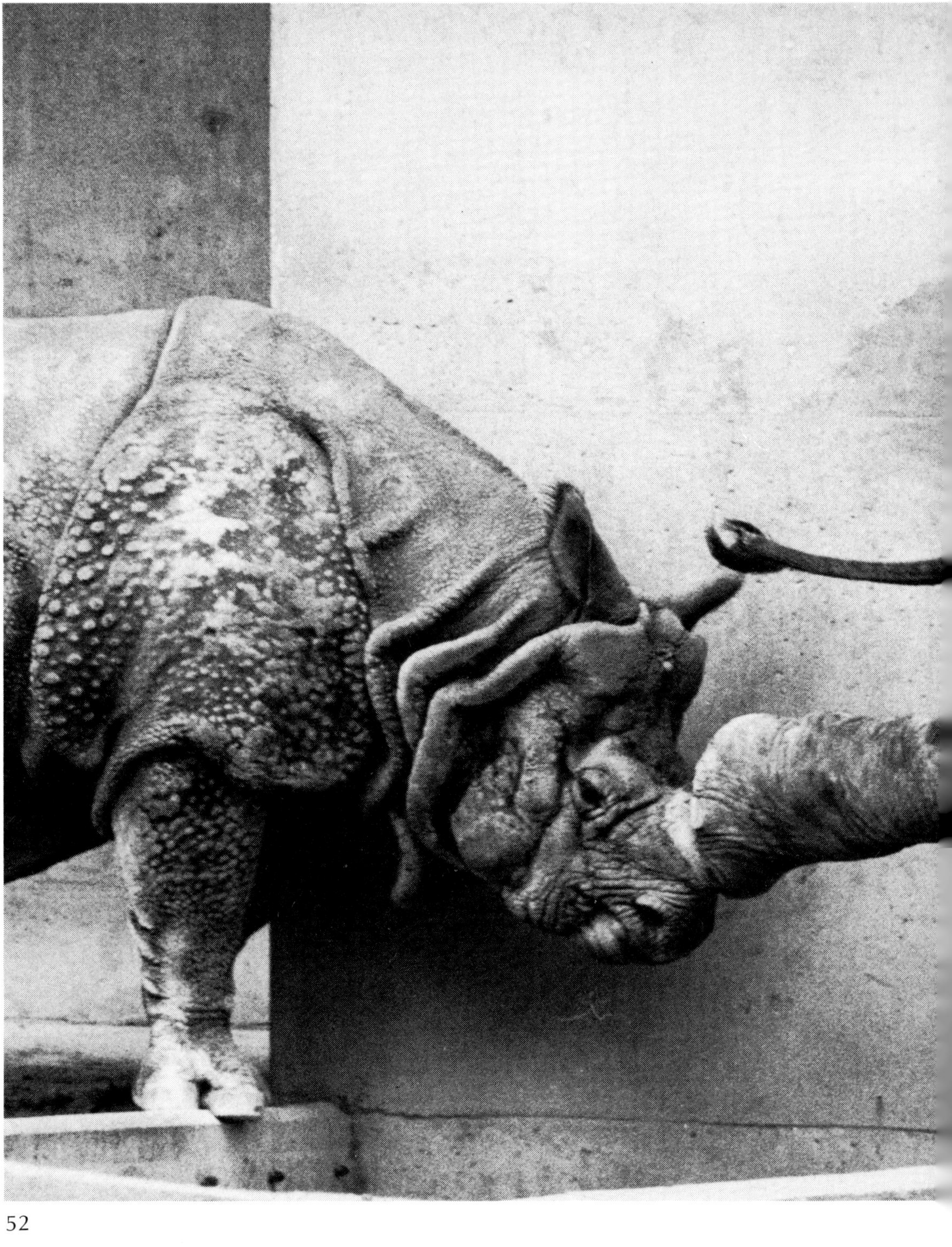

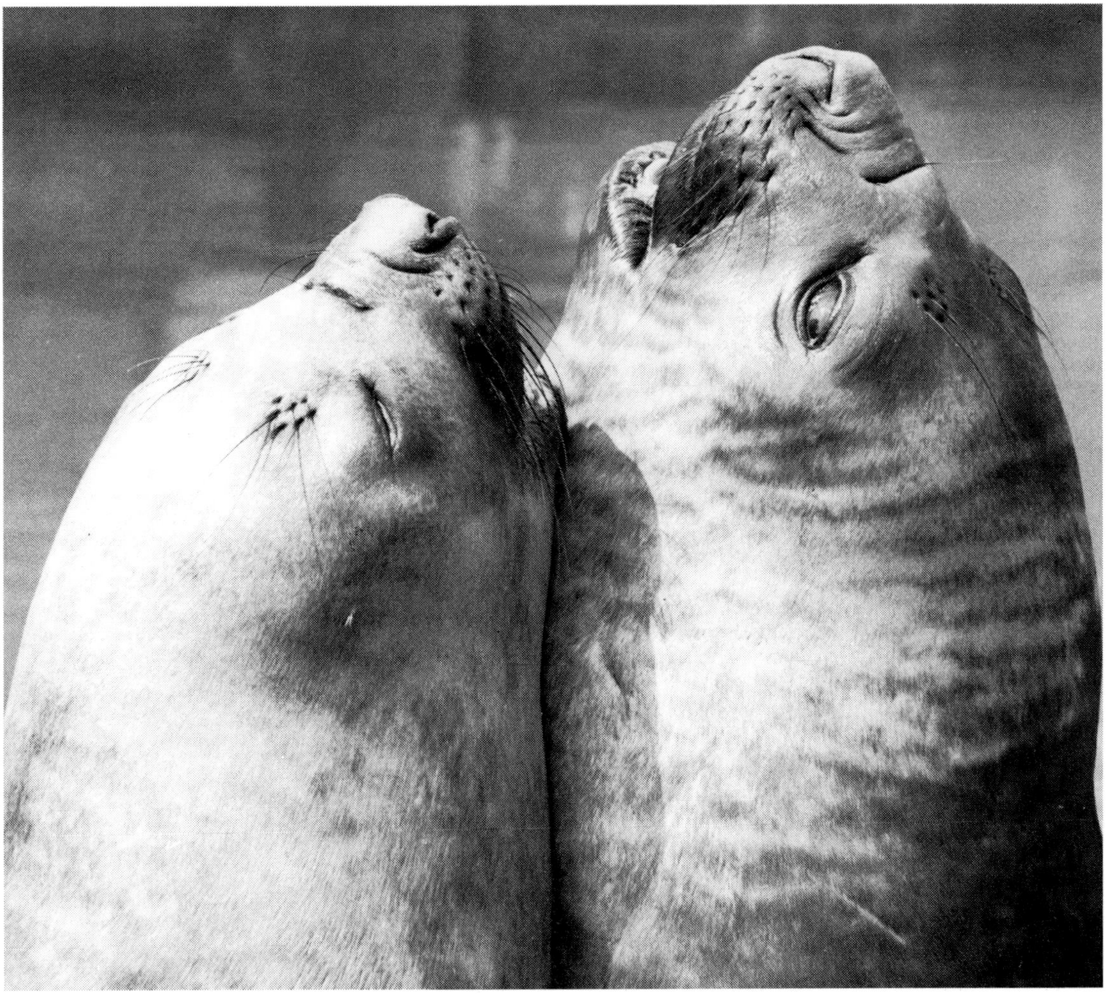

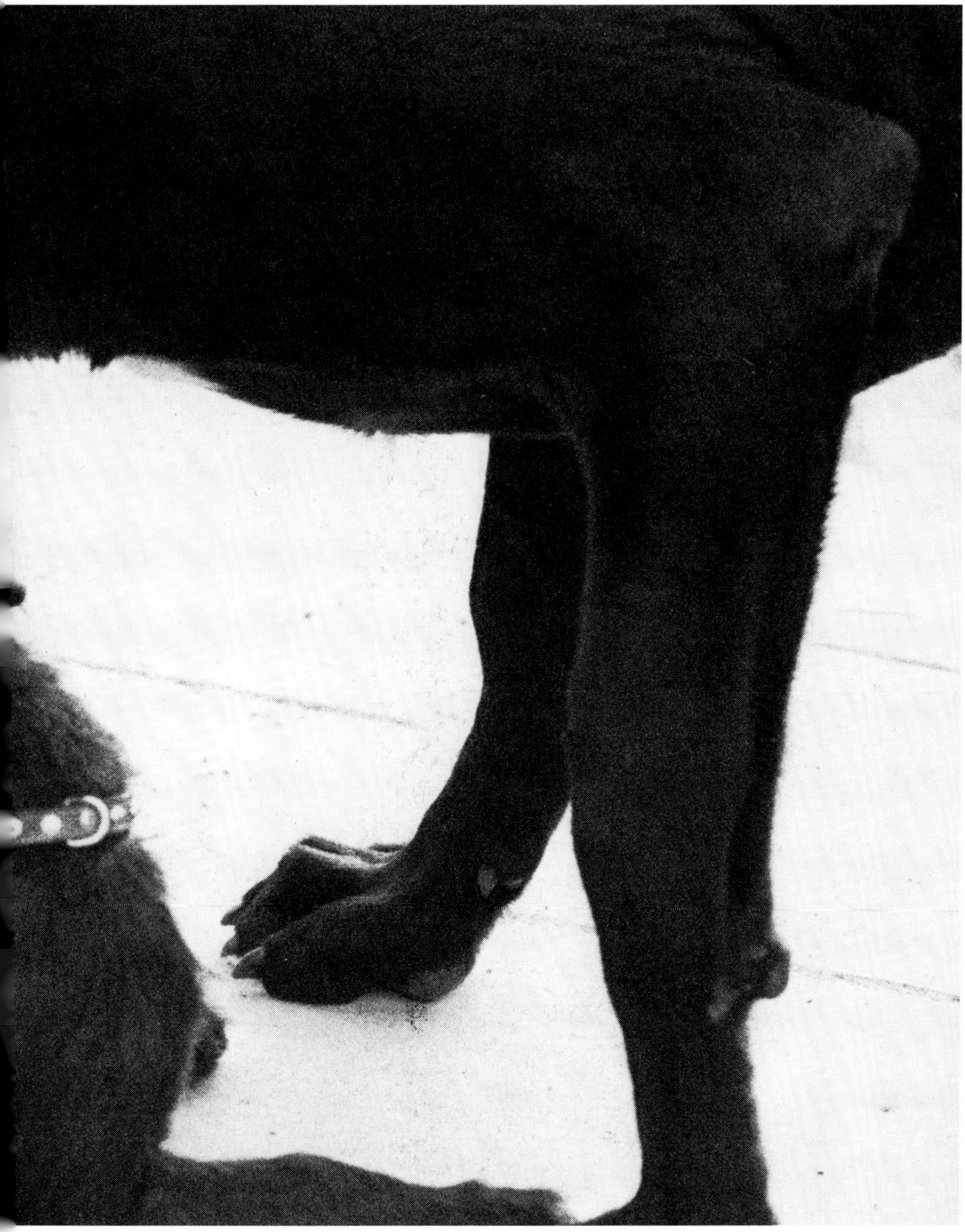

A.DE
BO

CIE